BEI GRIN MACHT SICH IHR WISSEN BEZAHLT

- Wir veröffentlichen Ihre Hausarbeit, Bachelor- und Masterarbeit

- Ihr eigenes eBook und Buch - weltweit in allen wichtigen Shops

- Verdienen Sie an jedem Verkauf

Jetzt bei www.GRIN.com hochladen und kostenlos publizieren

Marit Wefer

Terrains of Resistance und Geographische Konfliktforschung

Theorien zur Untersuchung regionaler Protestbewegungen

GRIN Verlag

Bibliografische Information der Deutschen Nationalbibliothek:

Die Deutsche Bibliothek verzeichnet diese Publikation in der Deutschen National-
bibliografie; detaillierte bibliografische Daten sind im Internet über http://dnb.d-
nb.de/ abrufbar.

Impressum:

Copyright © 2011 GRIN Verlag, Open Publishing GmbH
Druck und Bindung: Books on Demand GmbH, Norderstedt Germany
ISBN: 978-3-668-00486-3

Dieses Buch bei GRIN:

http://www.grin.com/de/e-book/301738/terrains-of-resistance-und-geographische-
konfliktforschung

Westfälische Wilhelms-Universität Münster
Seminar: Ressourcenkonflikte – Geographische Konfliktforschung anhand regionaler Fall-
beispiele
Modul: Humangeographie II
WiSe 2010/11

Terrains of Resistance und Geographische Konflikt-forschung

Theorien zur Untersuchung regionaler Protestbewegungen

Bearbeitet von:
Marit Wefer
B-2-Fach Geographie/Lateinische Philologie
3. Fachsemester

Inhaltsverzeichnis

Abbildungsverzeichnis

Abbildungen

Bilder

Abkürzungsverzeichnis

Abb.	Abbildung
AOP	Assembly of the Poor
APMDM	Anti-Pak Mun Dam Movement
ebd.	ebenda
EGAT	Electricity Generating Authority of Thailand
f.	und folgende Seite
ff.	und fortfolgende Seiten
Hrsg.	Herausgeber
KW	Kilowatt
NGO(s)	Non Government Organization(s)
S.	Seite
s.o.	siehe oben
vgl.	Vergleiche

1 Einleitung

Ein aus dem 21. Jahrhundert nicht mehr weg zu denkendes Thema ist die Ressourcenverknappung und die daraus entstehenden Ressourcenkonflikt. Es ist daher zu einem zentralen Forschungsfeld der politischen Geographie geworden. Im Fokus stehen vor allem regionale und lokale Konflikte um raumbezogene Ressourcen. Dabei wird auch die Rolle „neuer" sozialer Bewegungen untersucht: Welche Widerstandsstrategien verwenden sie? Welche Handlungsmöglichkeiten haben sie? Welche Rahmenbedingungen beeinflussen den Konflikt und die sozialen Bewegungen? Die Auseinandersetzung innerhalb des Dreiecks Gesellschaft – Raum - Macht bildet die Grundlage für die Klärung solcher Fragen.

> *"Neither theory, however, has attempted to analyze social movement agency from the perspective of **place**, i.e. why particular movements emerge **where** they do"* (ROUTLEDGE 1997a, S. 219).

In dieser Arbeit geht es um ROUTLEDGES Konzept *Terrains of Resistance*, mit dem die regionale Spezifik von (Nutzungs-)Konflikten unter besonderer Einbeziehung der eigenständigen regionalen Identität und Kultur der Widerstandsbewegungen untersucht wird. Da dieses Konzept sich vorrangig mit den räumlichen Besonderheiten befasst, halte ich es für nötig, es mit einem passenden Konzept zu erweitern, damit eine angemessene Konfliktbiographie erstellt werden kann. In diesem Fall habe ich mich für den handlungsorientierten Ansatz der Geographischen Konfliktforschung entschieden.

Der Schwerpunkt dieser Arbeit liegt auf diesen beiden theoretischen Konzepten. Zunächst findet eine Einordung in das „Haus der Geographie" statt, um eine Orientierung über die Vielzahl der Forschungsrichtungen und –konzepte zu geben. Dabei wird auch auf die Anfänge der politischen Geographie zurückgegangen, da es meines Erachtens wichtig ist, die neuen Forschungsperspektiven klar von den alten, vergangen abzugrenzen. Als erstes wird auf die Geographische Konfliktforschung eingegangen, die ein wesentlich breiteres Theoriefundament hat als der Terrains-of-Resistance- Ansatz, der sich teilweise aus der Geographischen Konfliktforschung ableiten lässt. Ferner werden die gesellschaftlichen Rahmenbedingungen, die wesentlichen Einfluss auf Protestbewegungen haben, thematisiert und anschließend auf die Ziele, Themen und Mittel der „neuen" Widerstandsbewegungen eingegangen.

Am Ende der Arbeit steht ein Fallbeispiel, ein Raumkonflikt in Thailand, an dem einige Aspekte der Theorien aufgezeigt werden können. Dabei findet aber keine klare Abgrenzung zwischen den Teiltheorien statt, sondern vielmehr sollen sie miteinander verschmelzen und sich ergänzen. An dieser Stelle soll schon einmal gesagt werden, dass der Raumkonflikt im Fallbeispiel stark vereinfacht dargestellt wird und viele Aspekte vernachlässigt werden, aber dies für das Aufzeigen der theoretischen Aspekte und der Anwendbarkeit zur Untersuchung von Protestbewegungen bei Konflikten um natürliche Ressourcen genügen soll.

2 Theoretische Grundlagen und wissenschaftliche Einordnung

Die Untersuchung von Konflikten um ökologische Ressourcen ist klar ein Forschungsfeld der politischen Geographie. Daher ist es sinnvoll die politische Geographie und ihre aktuellen Forschungsfelder, aber auch ihre Entwicklungen näher zu beleuchten. Zunächst soll nach einem kurzen Rückblick eine kurze Übersicht über den aktuellen Forschungsstand gegeben werden.

Die Anfänge der politischen Geographie gehen auf das Ende des 19. Jahrhunderts zurück. Die historischen Rahmenbedingungen der damaligen Zeit prägten die politische Geographie, die von Friedrich RATZEL als Geopolitik gegründet wurde, wobei drei gesellschaftliche Strömungen sich wesentlich absetzten: erstens der Naturdeterminismus und Geodeterminismus, zweitens der Darwinismus mit seiner Übertragung auf die soziale Welt (Sozialdarwinismus) und drittens der Imperialismus und Kolonialismus. Der Wissenschaftler RATZEL stellte einen Zusammenhang zwischen Staat und Boden in dem Grundprinzip des Staatsorganizismus (vgl. REUBER u. WOLKERSDORFER 2007, S. 753) her und leitete daraus die Gleichsetzung von Volk und Raum ab. Dieses Gedankengut übernahmen die Nationalsozialisten, was in Nachkriegsjahren dazu führte, dass die deutschsprachige politische Geographie jahrzehntelang wenig Beachtung fand und eher gemieden wurde (vgl. REUBER u. WOLKERSDORFER 2007, S. 753). REUBER stellt heraus, dass dieser Wissenschaftsabschnitt aber mehr als historische Reminiszenz sei, denn er weise auf die Verantwortung des Wissenschaftlers hin (vgl. ebd).

Neue Entwicklungen der politischen Geographie fanden zunächst verstärkt im angelsächsischen Sprachraum statt, erst seit Mitte der 1990er-Jahre haben sich auch wieder neue Ansätze der politischen Geographie in Deutschland durchgesetzt.

Um was für neue Ansätze und Forschungsthemen es sich handelt, soll im Folgenden thematisiert werden.

2.1 Aktuelle Konzepte

Innerhalb der politischen Geographie haben sich besonders drei aktuelle Konzepte entwickelt. Zum einen die in den 1970er entstandene neomarxistisch orientierte Radical Geography, die vor allem von DAVID HARVEY geprägt wurde, zum anderen die Critical Geopolitics (Kritische Geopolitik), die die internationale Geopolitik aus einer konstruktivistischen Perspektive analysiert und geopolitische Leitbilder zu dekonstruieren versucht, GERAÓID Ò TUATHAIL sei hier als Vertreter genannt. Das dritte Konzept stellt die Geographische Konfliktforschung dar, die sich mit den Handlungen von Akteuren im Kontext von Auseinandersetzungen um „Macht und Raum" in den sich neu formierenden, lokal-globalen Konfliktfeldern des 21. Jahrhunderts, die oft mit einer regionalen Spezifik versehen sind, auseinandersetzt (vgl. REUBER u. WOLKERSDORFER 2007, S. 756). Die Geographische Konfliktforschung bildet mit dem Konzept der *Terrains of Resistance* das theoretische Fundament dieser Arbeit.

Allerdings haben alle obengenannten Konzepte eine gemeinsame Grundlage – den **Konstruktivismus**. Während die früheren Ansätze in Bezug auf den Raum hauptsächlich deskriptiv und naturdeterministisch waren, lautet die Maxime der konstruktivistischen Sichtweise, dass nicht der reale Raum verantwortlich für das menschliche Handeln ist, sondern die Wahrnehmung vom Raum. Er stellt nämlich eine soziale Konstruktion dar, ist somit Träger kollektiver Bedeutungen und gleichzeitig Kodierung politischer Ordnung und Macht (vgl. REUBER u. WOLKERSDORFER 2007, S. 752). So wird eine Region nicht als bloße physisch-materielle Umwelt betrachtet, sondern als Symbol der Eigenständigkeit der politischen Kultur. Im Raum spiegeln sich (politische) Machtverhältnisse durch Repräsentationen und Symbolen wieder. Die physisch-materiellen Aspekte dagegen bilden die Arena der sozialen Auseinandersetzungen um Raum und Macht (vgl. REUBER u. WOLKERSDORFER 2007, S. 760). Diesem konstruktivistischen Raumverständnis liegen drei Ebenen der Konstruktion von räumlichen Strukturen zugrunde, die REUBER folgendermaßen einteilt (vgl. Abb. 1):

1. **Wahrnehmungsebene**: Die Wahrnehmung der Ausgangssituation ist bei jedem Akteur subjektiv unterschiedlich.

2. **Zielebene**: Diese Ebene meint die „akteursspezifische raum- und konfliktbezogene[n] Zielvorstellungen" (REUBER u. WOLKERSDORFER 2007,

S. 761), die für die Handlungsstrategien der Akteure von Bedeutung sind. Auf Grundlage der subjektiven Raumwahrnehmung entwickeln die Akteure ihr Zielvorstellungen.

3. **Handlungsebene**: Der Raum wird als Mittel zur Durchsetzung der Ziele benutzt. REUBER spricht von „strategischen Raumbildern", die „als bewusste und taktisch motivierte Repräsentationen der konfliktrelevanten räumlichen Strukturen angesehen werden müssen" (REUBER u. WOLKERSDORFER 2007, S. 761).

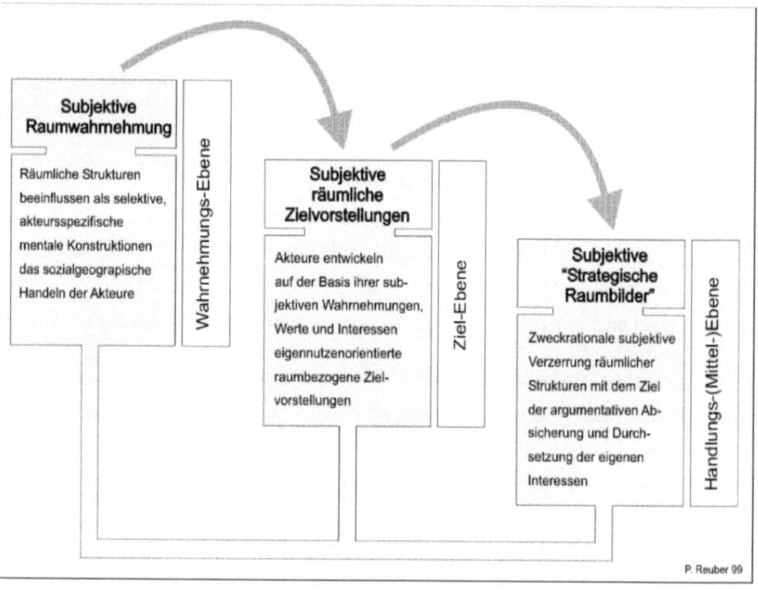

Abb. 1: Die „Dreifache Subjektivierung": akteursspezifische subjektive Raumkonstrukte im Rahmen raumbezogener Konflikte (Quelle: REUBER 1999a, S. 32)

Die „dreifache Subjektivierung" des Raumes ist grundlegend für das Konzept der handlungsgeographsichen Konfliktforschung, die im Folgenden erläutert wird. Zunächst sind aber die neuen Themen zu nennen, die eine solche Konfliktforschung überhaupt notwendig machen.

2.2 Handlungsorientierte Geographische Konfliktforschung – neue Themen auf allen Maßstabsebenen

Die Entwicklung der politischen Geographie steht im engen Zusammenhang mit den globalen Veränderungen der letzten 20 Jahre. So haben sich neue Forschungsthemen auf allen Maßstabsebenen herausgebildet. Vor allem lokale Standort- und Nutzungskonflikte und die dabei entstandene neue Rolle sozialer Bewegungen in regionalen Kontexten stehen im Vordergrund, aber anderseits geht es auch um die zunehmende Transnationalisierung und Netzwerkorientierung der Gesellschaft und damit verbunden um transnationale Unternehmensnetzwerke , sowie globale Umwelt-/ Hilfsorganisationen. Im Fokus liegen hier die Nutzung und Kontrolle ökologischer Ressourcen, da sie den Anstoß für regionale Konflikte und neuen sozialen Bewegungen geben. Raumbezogene Konflikte, sind Konflikte um „Raum und Macht" (REUBER u. WOLKERSDORFER 2007, S. 760) und verstärken sich mit der weltweit zunehmenden Ressourcenverknappung. Auf allen Ebenen nehmen Nutzungs- und Verfügungskonflikte zu und gleichzeitig bilden sich immer komplexere Akteursnetzwerke aus, was die Machtkonstellationen unübersichtlich werden lässt (vgl. ebd). Ziel der Geographischen Konfliktforschung ist es, diese Konstellationen aufzudecken. Sie fragt danach, welche Akteure sich an raumbezogenen Konflikten beteiligen, was ihre Ziele sind und über welche Machtpotentiale sie verfügen, die sie zur Durchsetzung ihrer Interessen haben. REUBER hat hierzu Leitfragen formuliert, die die individuelle, gesellschaftliche und räumliche Komponente der Akteure einbezieht:

Drei Grundfragen an das theoretische Fundament einer Geographischen Konfliktforschung

1. Nach welchen Zielen und mit welchen Strategien handelt der einzelne Akteur bei raumbezogenen Nutzungs-oder Verteilungskonflikten?

2. Wie beeinflussen das Zusammenwirken der Akteure und die Regeln bzw. Strukturen der soziopolitischen Institutionen, in die sie eingebunden sind, den raumbezogenen Konflikt?

3. In welcher Weise lassen sich räumliche Bezüge konzeptionell angemessen in eine geographische Konfliktforschung integrieren?

(REUBER u. WOLKERSDORFER 2007, S. 760)

Es geht also darum, die Handlungsmotive und Handlungsstrategien der Akteure offen zu legen, um zu verstehen nach welchen Mustern die Auseinandersetzungen um räumlich lokalisierte Ressourcen ablaufen. Man bewegt man sich bei der Rekonstruktion lokaler und regionaler Konflikte also innerhalb des Dreiecks Gesellschaft, Macht und Raum. Demnach bedürfe es eine Auseinandersetzung mit den gesellschaftlichen Spielregeln, Akteuren und Rahmenbedingungen raumbezogenen politischen Handelns (vgl. REUBER u. WOLKERSDORFER 2007, S. 761) (Abb. 2).

Abb. 2: Der handlungsorienterte Ansatz in der Geographischen Konfliktforschung (Quelle: REUBER u. WOLKERSDORFER 2007, S. 760)

Die Akteure handeln nicht frei, sondern sie sind in die Gesellschaftschaft eingebunden: Die „Spielregeln" beeinflussen sowohl die Handlungsspielräume des Akteurs, als auch die Verteilung und Verfügung über (natürliche) Ressourcen. Wer sich bei Raumnutzungskonflikten um die Nutzung ökologischer Ressourcen durchsetzt, ist abhängig von den jeweiligen Machtpotenzialen, über die Akteure auf unterschiedliche Weise verfügen (vgl. REUBER 2005, S. 7). Die Machtpotenziale ergeben sich nach GIDDENS (1988) aus der Menge der allokativen und autoritativen Ressourcen (Abb. 3).

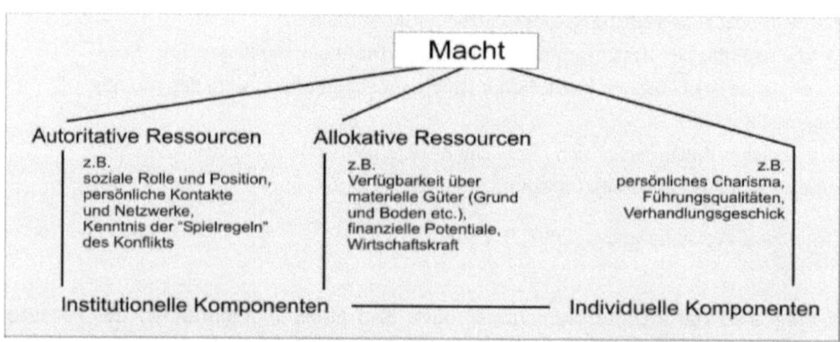

Abb. 3: Die Macht von Akteuren in raumbezogenen Konflikten (Quelle: REUBER 2001, S. 85)

Auf diese Weise lassen sich Raumnutzungskonflikte handlungsorientiert erforschen. Zusammenfassend beeinflussen die autoritativen und allokativen Ressourcen, die Ziele und Motive, sowie die Raumbilder (Abb.1) vor dem Hintergrund der Regeln, Normen, soziokulturellen und institutionellen Rahmenbedingungen die Handlungsstrategien der Akteure. Ihre verschiedenen Handlungsstrategien und Machtpotenziale erzeugen dabei komplexe Netzwerke von Akteuren, die Konflikte aushandeln.

Die Geographische Konfliktforschung soll nun durch das von ROUTLEDGE entwickelte Konzept *Terrains of Resistance* erweitert werden. Neben der Rolle der Akteure und ihren Interessen kommt hier dem Raum oder dem Gebiet („terrain") eine wichtige Rolle zu. Gemeint ist jedoch nicht der physische Raum an sich, sondern die regionalen und kulturellen Eigenheiten, mit denen der Raum aufgeladen ist und Einfluss auf die in dem jeweiligen Gebiet entstehenden Konflikte und sozialen Bewegungen hat. Genau bei dieser regionalen Spezifik, mit der die Konfliktfelder oftmals versehen sind, setzt das Konzept *Terrains of Resistance* an.

3 Forschungsgegenstand: Regionale Protestbewegungen

Seit den 1990er Jahren verstärkten sich die sozialen Widerstandsbewegungen um Ressourcenkonflikte und es entstanden dichte Netzwerke neuer sozialer Bewegungen, um die Betroffenen bei lokalen Raumnutzungskonflikten gegen internationale und nationale Interessen zu unterstützen. Es bildeten sich Widerstandsbewegungen von unten aus – als Reaktion auf die lokale Ressourcen- /Landnahme durch Akteure aus Wirtschaft und Politik. Diese Widerstandsbewegungen stehen im Zentrum der Untersuchung.

4 Besonderheiten des Konzeptes „Terrains of Resistance"

Im Zuge des *spatial* und *cultural turns* stehen Zusammenhänge von Raum, regionaler Identität und Kultur im Fokus, aus denen das Handeln der einzelnen Akteure resultiert (siehe hierzu auch Abb. 1 handlungsorientierter Ansatz).

Im Mittelpunkt des Konzepts *Terrain of Resistance* steht die regionale Spezifik von politischen Konflikten. Würde man den Ansatz *Terrain of Resistance* wörtlich übersetzen, so hieße er „Widerstands-Gebiet". Er betrachtet das Gebiet aber nicht als physisch-materielle Umwelt an sich, sondern erweitert den Blickwinkel um eine regionsspezifische Perspektive und bezieht dabei alle den Raum prägenden Elemente mit ein (siehe auch Kap.6.1):

> *"A terrain of resistance represents an interwoven web of specific symbolic meanings, communicative processes, political discourses, religious idioms, cultural practices, social networks, economic relations, physical settings, envisioned desires and hopes"* (ROUTLEDGE 1996, S. 516).

Die regionale Kultur, Geschichte und Identität, aber auch die gesellschaftlichen Rahmenbedingungen rücken in den Vordergrund (s. Kap. 5), um das Handeln der Akteure und ihren Bewegungen zu verstehen (vgl. REUBER u. WOLKERSDORFER 2007, S. 767).

Besonders in Entwicklungsländern kommt es zu ressourcenbezogenen Konflikten (Verteilungskonflikte etc.) und neuen sozialen Bewegungen. Bei der Untersuchung geht es aber mehr nicht um die klassische Abhängigkeit zwischen Zentrum und Peripherie in Entwicklungsländern. „Resistance" an sich stellt eine Form von Entwicklung dar: „(…) social movements have emerged across the planet to pose challenges and alternatives to the process of development" (ROUTLEDGE 1995, S.263).
Es findet ebenso eine Abkehr vom reinen Fokus auf Ziele, Organisation und Erfolg von Bewegungen statt, hin zu der Frage, wie Charakter und Kraft einer Bewegung im Raum begründet liegen. Im Forschungsinteresse liegen:

> *"Hintergründe, Abläufe und Folgen von Abwehrreaktionen lokaler Bevölkerungsgruppen gegenüber Entwicklungsprozessen, die ihre Lebensbedingungen und natürliche Umwelt negativ beeinflussen"* (KRINGS u. MÜLLER 2001, S. 106).

Konfliktkonstellationen, Widerstandsstrategien und Handlungsmöglichkeiten von marginalisierten Bevölkerungsteilen, sowie Erfolge und Misserfolge der Bewegungen sind in diesem Rahmen die zentralen Forschungsfelder (vgl. ebd.).

5 Gesellschaftliche Rahmenbedingungen

Die Veränderungen der gesellschaftlichen Rahmenbedingungen der letzten 20 Jahre haben großen Einfluss auf die sozialen Bewegungen und sollen im Folgenden vorgestellt werden.

5.1 Postmoderne - Globalisierung und Vernetzung

Durch die Globalisierung kam es zu einschneidenden Veränderungen – nicht nur auf der globalen, sondern auch auf lokaler und regionaler Ebene haben sich die Rahmenbedingungen geändert und die Machtverhältnisse verschoben. Die etablierten Institutionen werden angezweifelt, da sich neue „Mächte" entwickelt haben. Die durch die Globalisierung hervorgerufene Netzwerkgesellschaft hat neue Akteure und Gruppen jenseits der politischen Institutionen mit sich gebracht (vgl. REUBER u. WOLKERSDORFER 2007, S. 760), wie etwa den weltweit agierenden Nichtregierungsorganisationen (NGOs), transnationalen Organisationen, Globale Konzerne (TNCs = transnational concerns) oder etwa lokale Bürgerinitiativen haben an Bedeutung gewonnen. Der neue transnationale Charakter der neuen (Widerstands-)Bewegungen bedeutet somit auch eine Vernetzung über das eigene Land hinaus (z.B. durch NGOs etc.). Diese „Transnationalisierung des Widerstands" (KRINGS u. MÜLLER 2001, S. 108) ermöglicht es den Betroffenen sich auch an Großprojekten zu partizipieren. Social movements bedienen sich dabei „globaler Kommunikationstechnologie" und der Wirkungsmacht der Medien und erregen Aufmerksamkeit mit Aktionen, um ihre politischen Ziele durchzusetzen (vgl. REUBER u. WOLKERSDORFER 2007, S. 768) (siehe auch Kap.7).

Weil anstatt der nationalen die supranationale Akteure immer mehr an Bedeutung gewinnen, liegen Macht und Einfluss nicht mehr nur beim Nationalstaat, weshalb die Konstruktion neuer kollektiver Identitäten jenseits des Territorialstaats stattfindet. Diese neuen kollektiven Identitäten entstehen über die zahlreichen Vernetzungen, deren Informationsströme im Internetzeitalter grenzlosen scheinen. Aber nicht nur globale Netzwerke sind von Bedeutung, sondern auch die sozialen Alltagsnetzwerke und Verwandtschaft, die aus dem jeweiligen kulturellen Hintergrund entstanden sind.

5.2 Environmental entitlements

Weiterhin beeinflussen die *environmental entitlements* die Konflikte.

Als *Entitlements* lassen sich knapp als effektive, legitimierte Kontrolle/Zugang zu natürlichen Ressourcen definieren (vgl. KRINGS u. MÜLLER 2001, S. 104) und sind „(…) von instrumenteller Bedeutung für [das] Wohlergehen" (ebd.). Dieser Zugang bzw. Kontrolle zu natürlichen Ressourcen wird umkämpft und bringt daher hohe Konfliktpotentiale mit sich, gerade da verschiedene Rechtsauffassungen über staatliche Regelungen im Gegensatz zu traditionellen Zugangs-, Kontroll- und Nutzungsrechten bestehen. KRINGS und MÜLLER weisen dabei auf die Veränderungen der *Entitlements* hin, die sowohl durch Entwicklungen von innen, als auch Einwirkungen von außen entstanden sind. Diese sind z.B. Wandel des Bodenrechts durch Agrarreformen, Einführung neuer Anbauprodukte, technische Innovationen (Bewässerungswirtschaft beispielsweise), Veränderung der Zugangsrechte mit der Einschränkung der Teilhabe bestimmter Individuen und Gruppen, Veränderungen der Nachfragestruktur, Preisentwicklung für bestimmte Rohstoffe auf Weltmarkt. Dieser Wandel der *Environmental entitlements* hat einen bedeutenden Einfluss auf die Akteure, gerade für die lokale Bevölkerung in Entwicklungs- und Schwellenländern, die zu meist von der Landwirtschaft lebt und erschwerend noch die Umweltveränderungen hinzukommen.

5.3 Zusammenfassung Gesellschaftliche Rahmenbedingungen

Insgesamt hat sich durch die Globalisierung und Transnationalisierung die Gesellschaft verändert. Über Grenzen des Nationalstaates hinaus entwickelt sich eine fragmentierte Gesellschaft, die sich informellen Mittel bedient, denn die Bewegungen und Organisationen „von unten" handeln jenseits der poltischen/staatlichen Institutionen.

Die lokale Kultur, lokale Identität und das lokale Wissen in Verbindung mit den gesellschaftlichen Rahmenbedingungen kennzeichnen die Herausbildung eines spezifischen **„Terrain of Resistance"**. Wichtig in den Ansätzen ist die räumliche bzw. ortsspezifische Komponente („place"):

> *"Contemporary social movement research has focused primarily on the* **goals, organization** *and* **success** *of particular struggles, paying insufficient attention to how movement character and agency are* **mediated by place."**
> (ROUTLEDGE 1992, S. 588)

6 Bedeutung des Raumes

Während viele Arbeiten die Raum- und Kulturaspekte vernachlässigen, hält ROUT-
LEDGE es für nötig, die jeweiligen regional- bzw. lokalgebundenen spezifischen Kon-
texte mit einzubeziehen. Neben der Rolle der kulturellen Faktoren hebt er die räumlichen Faktoren hervor.

> *„Conflicts are grounded in particular places, since place is the arena where
> social structure and social relations intersect, giving rise to relations of pow-
> er, domination and resistance. Foucault (1980) has argued that power is dif-
> fused throughout society, no place being free from relations of dominance
> and subordination."(…) Social movements are affected by, and respond to,
> historical, economic, political, ecological and cultural processes and relations
> that are themselves place-specific.* (ROUTLEDGE 1997a, S. 221).

Konflikte verorten sich an speziellen Plätzen, an welche soziale Netze und Strukturen aufeinander treffen (vgl. SCHARL 2008, S. 44). Auch hier muss an das konstruk-
tivistische Raumverständnis (s. Kap. 2.1.) und die subjektive Raumwahrnehmung
der Akteure erinnert werden.

6.1 Concept of Place

Um die ortsspezifischen Besonderheiten der Konfliktregion zu analysieren bezieht
ROUTLEDGE sich auf das von AGNEW (1987) aufgestellte *concept of place*, in dem
AGNEW die Raumbestandteile definiert. Er unterscheidet dabei *locale, location* und
sense of place.

Die Analyse des ***locale*** gibt Aufschluss über die lokalen ökonomischen, politischen,
ökologischen und sozialen Faktoren, die sich prägend auf die Widerstandsbewegungen an diesem Ort auswirken (vgl. SCHARL 2008, S.44).
„Locale refers to the settings in which everyday social interactions and relations are
constituted, whether formal or informal" (ROUTLEDGE 1997b, S. 28).

Die Betrachtung des ***location*** bringt Erkenntnisse über die räumlich weiter gefasste
Region („wider scale") und den größeren Kontext, der Einfluss auf das locale hat.
Das können z.B. ungleiche politische Einflüsse oder ungleiche Entwicklungen ver-
schiedener Regionen sein (vgl. SCHARL 2008, S. 44). „Location refers to the geo-
graphical area encompassing the locale (…) at a wider scale, that is, the impact of
the ‚macro-order' in a place (…) (ROUTLEDGE 1997b, S. 28). Das *location* beinhaltet

also die gesamten poltischen, wirtschaftlichen und geographischen Rahmenbedingungen (siehe auch Kap.5), die das Entstehen eines *terrain of resistance* beeinflussen (vgl. CASPERS 2004, S. 75).

Der dritte Raumbestandteil, der Einfluss auf den Charakter von Widerstandsbewegungen hat, ist **sense of place** und meint die „(...)lokalspezifische Gefühlswelt, beeinflusst durch die subjektive Prägung, welche durch das Leben und Arbeiten in einem bestimmten Gebiet zustande kommt und sich in kulturellen, ideologischen, religiösen und psychologischen Faktoren niederschlägt" (SCHARL 2008, S. 44). „Sense of place refers to the local ‚structure of feeling' or the subjective orientation that can be engendered by living in a place (...)" (ROUTLEDGE 1997b, S. 28). Diese „subjective orientation" (man könnte auch sagen: kulturelle Prägung) entsteht durch das Leben bzw. die Lebensweise der Menschen in einer bestimmten Region: „(...)human activities take place, such as home, work, school, which create (...) a sense of place" (ROUTLEDGE 1997b, S. 28).

> *"As Agnew (1987) notes, research problems in political sociology have never been clearly associated with a place perspective, although most popular political movements, such as regionalist and separatist movements, have their origin in specific places or regions"* (ROUTLEDGE 1997a, S. 221).

7 Themen, Ziele, Mittel der Bewegungen

7.1 Themen und Ziele

Denkt man an die klassischen (Widerstands-)Bewegungen, so kommen einen traditionelle Bewegungen des Klassenkampfes zur industriellen Revolution um Arbeitsplätze, angemessene Löhne etc. in den Sinn. Dagegen verfolgen die „neuen" sozialen Bewegungen multidimensionale Ziele. ROUTLEDGE unterteilt die „neuen" Konfliktthemen auf drei Ebenen. Erstens die ökologische Ebene, zweitens die politische und drittens die kulturelle Ebene (vgl. ROUTLEDGE 1995, S. 272). Hier sind einige Themenbeispiele aus allen Ebenen herausgegriffen, um die soziale Bewegungen entstehen (vgl. ebd.):

- Zugangsrechte z.B. zu Ackerland Wald, Wasser
- Verteilungskonflikte
- Aspekte sozialer Gerechtigkeit
- Bürgerliche Rechte; Rechte der Frauen
- Armut

- Umwelt
- Kulturelle Eigenständigkeit
- „Erringung autonomer Handlungsspielräume außerhalb staatlicher Zielvorgaben" (KRINGS u. MÜLLER 2001, S. 105)

7.2 Konstruktiver Widerstand

Der zuletzt genannte Punkt weist daraufhin, dass die Bewegungen oft nicht an politische Ziele der Parteien gebunden sind, sondern die neuen Bewegungen stattdessen alternative Entwicklungswege im Gegensatz zur staatlichen Entwicklungsplanung artikulieren (vgl. ROUTLEDEGE 1995, S. 272). Die Bewegungen sind "place-specific" (ROUTLEDGE 1995, S. 274) und die Artikulation erfolgt als eine Art konstruktiver Widerstand „constructive resistance" (ebd.). Lokale Identität, Kultur und Wissen bilden dabei einen wesentlichen Bestandteil ihres Widerstands, was die Herausbildung eines spezifischen „Widerstands-Terrains" (*terrains of resistance*) kennzeichnet (vgl. KRINGS U. MÜLLER 2001, S. 105). Die staatlich propagierten Entwicklungsparadigmen werden hier infrage gestellt und lokale Entwicklungsvisionen entworfen (vgl. ebd.). Der kulturelle Hintergrund bzw. die kulturelle Identität der neuen Bewegungen ist wichtig, da die Bewegungen auf Verwandtschaft und soziale Alltagsnetzwerke, wie Nachbarschaften etc. aufbauen und sich auf diese Weise gegen die staatlich gelenkte Entwicklung wehren, da sie oft als schädlich für die lokale Tradition empfunden wird (vgl. ROUTLEDGE 1995, S.273 ff.)

7.3 Konkrete Themenfelder (nach REUBER)

REUBER nennt dabei konkrete Themenfelder, bei denen es häufig zu Konflikten zwischen den Akteuren aus Wirtschaft, Politik, einheimischer Bevölkerung, Umweltorganisationen usw. kommt:

- den Staudammbau
- die umweltschädigende Ressourcennutzung und –abbau
- Landrechte/Landreformen, vor allem illegale Siedlungen in Schutzgebieten

Dabei sind die Problemlagen bei den Konflikten meist verfügungsrechtlicher Natur, so stehen sich beispielsweise staatliches Eigentumsrecht und Landnahmetraditionen gegenüber.

Bei den neuen sozialen Bewegungen handelt es sich allerdings nicht um homogene Bewegungen - es besteht eine Vielzahl unterschiedlicher Gruppen: *„A multiplicity of groups including squatter movements, neighborhood groups, human-rights organizations, women's associations, indigenous right groups (...) are involved in various types of struggle"* (ROUTLEDGE 1995, S. 273).

7.4 Neue Mittel des Widerstandes

Mit dem Globalisierungs- und Transnationalisierungsprozess haben sich auch die Widerstandsformen verändert und zwar dahin gehend, dass die Betroffen selbst das Potential des Transnationalisierungsprozesses für sich instrumentalisieren und so Akteure aus Politik und Wirtschaft unter Druck setzen können (vgl. KRINGS u. MÜLLER 2001, S. 106). Die elektronischen Medien ermöglichen den betroffenen Gruppen und deren Unterstützern vielfältige Kommunikationswege und können weltweit auf ihre Situation aufmerksam machen. So sind sie in der Lage öffentlichen Druck auf (vermeintlich machtvolle) heimische und ausländische Regierungen und Konzerne auszuüben (siehe Kap.5.1). Daneben sind Postkartenaktionen, Baustellenbestzungen, Hungerstreiks, Plakataktionen und Versammlungen weitere Mittel der regionalen Protestbewegungen, um die öffentliche Aufmerksamkeit zu erregen (vgl. KRINGS u. MÜLLER 2001, S. 107ff.). Ein bekanntes Beispiel für einen Großprotest ist das in Bangkok errichtete „Dorf der Armen", ein Zelt- und Hüttendorf, das erst notwendig dafür war, die Protestbauern unterzubringen, aber dann außenwirksam instrumentalisiert wurde und damit nationale und internationale Beachtung fand (vgl. REUBER 1999b, S.195) (siehe Kap.8.3).

8 Fallbeispiel: Pak Mun Staudamm in Thailand

Nach einer kurzen Einführung in den Raum und den Konflikt um den Pak Mun Staudamm sollen auf Grundlage der handlungsorientierten Geographischen Konfliktforschung die Handlungsspielräume, Ziele und Strategien einiger Akteure gezeigt werden. Darüber hinaus werden Aspekte der *terrains of resistance* herausgegriffen und in Beziehung zum vorliegenden raumbezogenen Konflikt gesetzt. Dabei werden vor allem die lokalen Staudammgegner in Fokus gerückt, da sie sich als Widerstandsbewegung gut mit Hilfe des *Terrains of Resistance*-Ansatz von ROUTLEDGE analysieren lassen.

Folgende Ausführungen stützen sich auf YVONNE KLOEPPERS Studie über Staudammkonflikte in Südostasien aus dem Jahr 2008. Dabei lasse ich in meinen Ausführungen einige Akteure/Akteursgruppen außer Acht und beschränke mich auf zwei Großgruppen: den Staudammbefürwortern und den –gegnern.

8.1 Der Pak Mun Staudamm

Bild 1: Der Pak Mun Damm nach seiner Fertigstellung (Quelle: KLOEPPER 2008, S. 199)

Der im Nordosten Thailands gelegene Pak Mun Staudamm wurde 1994 im Mündungsgebiet von Mun und Mekong erbaut. Seine Höhe beträgt 17m, ist 300m lang und hat eine Kapazität von relativ wenig 136 MW. Es handelt sich also um ein verhältnismäßig kleines Staudammprojekt. Dies wirft Fragen nach den Beweggründen für den Bau auf und warum der Widerstand der lokalen Bevölkerung so groß ist. Der Pak Mun Staudamm hat einen hohen Bekanntheitsgrad und ist zum „Symbol [des] Widerstand[s]"(KLOEPPER 2008, S. 190) geworden. Die Schwerpunktregion heißt Isan und liegt im Nordosten, dem „Armenhaus Thailands". KLOEPPER bezeichnet den Pak Mun Konflikt als „das perfekte *Terrains of Resistance*". Die Konflikte zwischen Dammbefürwortern und Dammgegnern drehen sich hauptsächlich um Dammnutzung, Kompensationszahlungen, Öffnung der Dammtore und Umsiedelungen (vgl. KLOEPPER 2008, S.190, 197). Seit der Planungsphase kommt es zu Widerständen, dennoch wurde das Projekt mit Hilfe der Weltbank realisiert.

8.2 Die Stammbefürworter: Regierung und EGAT (Electricity Generating Authority of Thailand)

Die thailändische Regierung und Egat sahen den Staudamm als Prestigeprojekt für Fortschritt und wirtschaftliche Entwicklung an und erhofften sich einen Entwicklungsschub für die unterentwickelte Region im Nordosten (vgl. KLOEPPER 2008 S. 192 ff.). Ihre Ziele sind die Stromerzeugung, der Ausbau des Bewässerungsnetz' und Damm- und Kanalsystems (vgl. ebd.). Zur Durchsetzung ihrer Ziele verfügen Regierung und Egat hohe allokative und autoritative Ressourcen (s. Abb. 3), die sie „symbioseartig" (KLOEPPER 2008, S.288) nutzen. Die Regierung ist hat als entscheidende autoritative Ressource die legitimierte Instanz zum Ausführen der Vorhaben und verfügt auch über die entsprechenden finanziellen Mittel (allokative Ressourcen). Die Handlungsmöglichkeiten, die von der autoritativen Staatsmacht ausgehen, zeigen sich darin, dass trotz heftiger Proteste und ökologischen Bedenken ein solches Vorhaben realisiert wurde. Egat, als staatseigenes Unternehmen hat starken „autoritativ-allokativ[en] Rückhalt der Regierung" (KLOEPPER 2008, S. 290), ist aber auch ein Stück weit abhängig von ihr, was wiederum die Handlungsmöglichkeiten einschränkt. Die Regierung und Egat richten ihre Lobbyarbeit auf lokale Unternehmen und Verwaltungsangestellte und versprechen ihnen viele Vorteile vom Damm (vgl. KLOEPPER S. 195). Auch die lokalen Dammbefürworter (z.B. Provinzpolitiker) verfügen über relativ große Handlungsmöglichkeiten, da sie ebenfalls den Rückhalt der Zentralregierung Egat haben (vgl. KLOEPPER 2008, S.292). Jedoch werden sie auch von höheren Machtinstanzen als „Ausführungsgehilfen" (KLOEPPER 2008, S. 293) (aus-)genutzt. Daneben beeinflussen Korruption und bezahlte „Pro-Damm Gruppe[n]" (ebd.) den Konfliktverlauf. Dies ist möglich, da in der thailändischen Wirtschafts- und Politikstruktur eine Klientelwirtschaft tief verankert ist (vgl. KLOEPPER 2008, S. 294), was im *Terrains of Resistance*-Konzept als Teil des spezifischen kulturellen Hintergrund zu beachten ist.

8.3 Die Stammgegner: Lokale Bevölkerung, NGO's, Aktivisten, Wissenschaftler

Die lokalen Gegner der Isan-Bevölkerung wollen den Bau des Damms schon in der frühen Planungsphase (1989) aufgrund der drohenden ökologischen Schäden verhindern und formieren sich zu einem *terrain of resistance*, obwohl sie anfangs keine

Unterstützung von außen haben und damit nur geringe Handlungsmöglichkeiten besitzen. Hier zeigt die lokalspezifische Verankerung mit ihrem Lebensraum, dem *locale* (s. Kap. 6.1), das gleichzeitig ihre Existenzgrundlage darstellt. So fürchten die lokalen Fischerfamilien nicht nur den finanziellen Ruin, sondern fürchten auch den „raumsymbolischen Verlust 'ihres Flusses' " (KLOEPPER 2008, S. 195f.). KLOEPPER zitiert ANURAK (1995): *„There is a close relation between the Mun River and the people. If the river is destroyed the fish will be gone forever. The Mun River is the life of the people and the community"* (KLOEPPER 2008, S.196). Hieran kann man gut die Bedeutung des *sense of place* (s. Kap. 6.1) aufzeigen, der die Akteure in ihrem Handeln beeinflusst. Auf der *location*-Ebene (s. Kap. 6.1) wird der Handlungsspielraum durch die (kommunistisch-)politischen Rahmenbedingungen eingeschränkt, da Versammlungen von mehr als fünf Personen verboten werden (vgl. KLOEPPER 2008, S. 294ff.). Auch wird der Handlungsspielraum der lokalen Bevölkerung entscheidend durch die kaum vorhandenen allokativen und autoritativen Ressourcen gehemmt.

Mit voranschreitenden demokratisierenden Politikstrukturen, also mit vorteilhafteren Rahmenbedingungen, können sich die Akteure in Netzwerken zusammenschließen und so ihre Ressourcen bündeln (vgl. ebd.). Dem „Anti-Pak Mun Dam Movement (= APMDM)" folgt die „Assembly of the Poor (= AOP)" eine lokalspezifische Interessensvereinigung, die aus der kulturellen Bindung erwachsen ist (vgl. KLOEPPER 2008, S. 198). Dem AOP treten neben dem APMDM, Akteure der lokalen Bevölkerung, NGOs, Aktivisten, Studenten und Wissenschaftlern hinzu, die durch ihr Wissen auch die Medien mit einbinden und die Proteste koordinieren können. Die Handlungsstrategie der Ressourcenbündelung erweist sich zunächst als erfolgreich. Ziel der AOP ist es die lokale Bevölkerung bei ihren Bedürfnissen zu unterstützen (vgl. KLOEPPER 2008, S. 134). Dies will sie mit der Gründung von Protestdörfern erreichen.

Bild 2: Das „Village of the Poor" in Bangkok (Quelle: [PRIVATARCHIV DER DUANG PRATEEP FOUNDATION (1997)], KLOEPPER 2008, S. 203)

Das „Village of the Poor", ist dabei die bedeutendste Protestaktion, die ins Machtzentrum Bangkok verlagert wird. Die gewaltfreien Dörfer, organisiert aus der AOP, wecken mit ihrem „99-day protest" das mediale und öffentliche Interesse und erzeugen mit dieser außenwirksamem Vorgehensweise den politischen Druck (vgl. KLOEPPER 2008, S. 202 ff.). Demonstrationsmärsche, Forderungspetitionen für die Öffnung der Dammtore sind weitere Durchsetzungsmittel im Sinne eines *terrains of resistance*. Wesentlicher Bestandteil dieses *terrain of resistance* ist auch die Forderung nach ausreichenden Alternativen, wie etwa die Öffnung der Dammtore zur Sicherung des Fischbestandes, womit sie einen konstruktiven Widerstand leisten (s.o. Kap. 7.2.). Dass die daraufhin gemachten Versprechungen seitens der Regierung nur 3 Jahre später aufgelöst wurden, zeigt die politische Machtverteilung:
„(…) because the villagers, a minority, must accept the rights of the majority" ([KARNJARIYA 2003] KLOEPPER 2008, S. 208).

9 Kritik

An dieser Stelle sollen kurz ein paar kritische Worte hinsichtlich der beiden Konzepte der Geographischen Konfliktforschung und des *Terrains of Resistance*-Ansatz fallen.
Der *Terrains of Resistance*-Ansatz bietet zwar eine gute Hilfe bei der Untersuchung der lokalen Ebene und ortspezifischen Verbundenheit der Akteure, aber die Makroebne, d.h. dem transnationalen Charakter wird hier wenig Aufmerksamkeit geschenkt und die Akteure und ihre Netzwerke nicht ausreichend einbezogen. ROTLEDGES *Terrains of Resistance*-Ansatz stellt zudem keine klar formulierte Konzeption dar und vermischt Rahmenbedingungen, Forschungsgegenstand und Paradigmen- und Diskursdiskussionen stark miteinander, was das Konzept meines Erachtens unübersichtlich und damit schwer anwendbar werden lässt.

Zu beachten ist weiterhin, dass die Geographische Konfliktforschung mit dem Zusammenfassen von Akteuren zu Gruppen Konstruktionen schafft. Die konstruierten Gruppen sind heterogener als dargestellt. Das betrifft vor allem meine Darstellung der Akteursgruppen: Stammgegner und – befürworter (s.o. 8.2, 8.3).

10 Fazit

Zum Schluss dieser Arbeit stellt sich die Frage ob eine Konzept-Kombination von Geographischer Konfliktforschung und dem *Terrains of Resistance*-Kozept sinnvoll und anwendbar ist.

Deutlich geworden ist, dass beide Konzepte sich ergänzen aber meiner Meinung nach für sich allein nicht ausreichend sind. Mit den *Terrains of Resistance* kann man sehr gut die lokalspezifischen Besonderheiten herausarbeiten und mit einbeziehen, da die Region nicht mehr nur eine Arena, sondern gleichzeitig Medium und Symbol einer spezifischen Eigenständigkeit der politischen Kultur bildet (REUBER u. WOLKERSDORFER 2007, S. 767).

Mit der Geographischen Konfliktforschung lässt sich auf einer weiter gefassten Ebene die Fülle der Konflikte und der Akteure, sowie deren Netzwerke, Handlungsspielräume und –strategien analysieren und Machtstrukturen erkennen.

Bezogen auf das Fallbeispiel muss man sagen, dass diese zwei Ansätze nicht ausreichen, um alle Aspekte des Konflikts und der Akteure einzubinden, weshalb YVONNE KLOEPPER in ihrer Dissertation noch weitere Konzepte anwendet. Mein Ziel war es jedoch anhand einiger Aspekte des Fallbeispiels das *Terrains of Resistance*- Konzept mit Hilfe der Geographischen Konfliktforschung griffiger zu machen und die von ROUTLEDGE teils abstrakten Begriffe verständlich zu machen.

Abschließend soll noch gesagt werden, dass die Konzepte sich zur Analyse keinesfalls wie eine Schablone auf einen Konflikt setzen lassen, ganz im Gegenteil – man muss immer abwägen welches Konzept passt und nicht alle Konzepte sind für alle Themen geeignet. Aber glücklicherweise bietet die Geographie eine Vielzahl von Konzepten.

11 Literaturverzeichnis

CASPERS, S. (2004): Landnutzungskonflikte in Südchile. Eine empirische, politisch-geographische Untersuchung über die Auseinandersetzungen zwischen indigener Bevölkerung (Mapuche), Staat und Forstwirtschaft. In Arbeitshefte des Lateinamerika-Zentrums, Arbeitsheft Nr. 90

KLOEPPER, Y. (2008): Staudammkonflikte in Südostasien - Eine politisch-geographische Analyse anhand von Fallbeispielen aus Burma (Myanmar), Laos und Thailand. Unna (Dissertation am Fachbereich Geowissenschaften der Westfälischen Wilhelms-Universität Münster)

KRINGS, T. u. MÜLLER, B. (2001): Politische Ökologie – Theoretische Leitlinien und aktuelle Forschungsfelder. In: REUBER,P. u. WOLKERSDORFER, G. (Hrsg.): Politische Geographie – Handlungsorientierte Ansätze und Critical Geopolitics. Heidelberg, Band 112, S. 93-116

REUBER, P. (1999a): Raumbezogene Politische Konflikte. Geographische Konfliktforschung am Beispiel von Gemeindegebietsreformen, Stuttgart.

REUBER, P. (1999b): Das "Forum der Armen". Die Rolle neuer partizipativer Bewegungen bei aktuellen Landnutzungskonflikten in Nordostthailand (Isan). In: Die Erde 130, H. 3/4, S. 189-204

REUBER, P. (2001): Möglichkeiten und Grenzen einer handlungsorientierten Politischen Geographie. In: REUBER,P. u. WOLKERSDORFER, G. (Hrsg.): Politische Geographie – Handlungsorientierte Ansätze und Critical Geopolitics. Heidelberg, Band 112, S. 77-92

REUBER, P. u. WOLKERSDORFER, G. (2007): Politische Geographie. In: GEBHARDT, H., GLASER, R., RADTKE, U. u. P. REUBER (Hrsg.) (2007): Geographie – Physische Geographie und Humangeographie. Heidelberg, S. 751-770

ROUTLEDGE, P. (1992): Putting politics in its place. Baliapal, India, as a terrain of resistance Political Geography, Volume 11, No. 6, S. 588-611

ROUTLEDGE, P. (1995): Resisting and reshaping in the modern: Social movements and the development process. In: JOHNSTON, RJ, TAYLOR, P., WATTS, M. (Hrsg.): Geographies of global change. Remapping the world in the late twentieth century. Oxford, Cambridge, S. 263-279

ROUTLEDGE, P. (1996): Critical geopolitics and terrains of resistance. In: Political Geography, Volume 15, Issues 6-7, S. 509–531

ROUTLEDGE, P. (1997a): Putting Politics in its Place. Baliapal, India, as a Terrain of Resistance. In: AGNEW, J. (Hrsg.): Political Geography. A Reader. London, S. 219-247

ROUTLEDGE, P. (Hrsg.) (1997b): Terrains of resistance: nonviolent social movements and the contestation of place in India. Westport, Connecticut

SCHARL, P. (2008): Der geopolitische Diskurs um die Gründung einer US-amerikanischen International Law Enforcement Academy in Costa Rica. Eine Analyse nationaler Interessen, raumbezogener diskursiver Instrumente und ihrer Verankerung in einem „Terrain of Resistance". Passau (Inaugural-

Dissertation zur Erlangung des Doktorgrades der Philosophischen Fakultät der Universität Passau)